创意数学：我的数学拓展思维训练书

MATH FABLES

寓言中
的数学

〔美〕格雷戈·唐◎著　　〔美〕希瑟·卡洪◎绘

小杨老师◎译

哈尔滨出版社
HARBIN PUBLISHING HOUSE

作者手记

　　对于一些孩子来说，学数学是一件容易的事情，可对另外一些孩子来说却是举步维艰。为什么会有这样的差异？难道人体内有一个特别的数学基因，拥有它的孩子学数学就很容易，没有的话就会很吃力？这当然不是真的。数学学习的成功通常取决于孩子对数字这种数学语言的熟练程度。如果孩子在成长早期对数字有很好的理解，那么之后学习其他的数学问题，比如算术、代数，甚至是几何将会成为一件轻而易举的事。

　　我写这本书的目的是希望将数字以一种简单的方式呈现给孩子们。我认为尽早进行数学的基础教育尤其重要，而这本书正适用于3～6岁的孩子。每一则寓言都以数数这种传统的方式来介绍数字。想知道数字6是多大，需要从1数到6。这种熟悉的学习方式既介绍了数字的大小又介绍了数字的顺序。随着故事的展开，每一个数字会以不同的方式呈现给读者。比如，数字6可以被分成4和2、5和1还有3和3。这样做是为了鼓励孩子们用分组的方式更有效地思考数字，而不是简单地数数。

　　这种学习方法有很多好处。首先，它为孩子们认识位值奠定了基础。认识位值是学习数学的基础，如果孩子们在成长早期就知道分组的概念，他们会自然地认识个位、十位、百位。其次，这种方法有助于锻炼孩子们的运算思维。把大的数字分解成更容易计算的小数字，再把它们以一种巧妙的方式组合，这是理解算术的关键。最后，分组需要孩子们把一个数字分成不同的组合，培养孩子们思维的创造性和灵活性。

　　《寓言中的数学》是这一个系列图书的第一本。我希望这些书可以帮助孩子们完成数学学习启蒙，同时培养他们热爱阅读和学习的好习惯。我希望大人和孩子们能喜欢这些故事和插画，一起度过一段美妙的亲子阅读时光！祝你们阅读愉快！

Greg Tang

格雷戈·唐

献给亲爱的莉莉和约翰——格雷戈·唐

献给亲爱的丈夫和女儿——希瑟·卡洪

晚餐来客

1 只蜘蛛织完网，正在耐心地等待。谁会"有幸"成为它的晚餐呢？

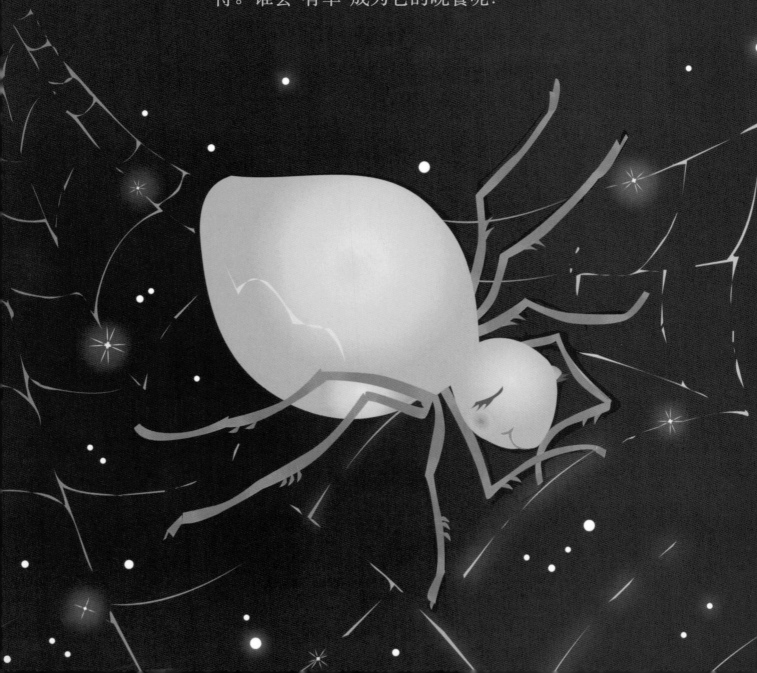

是苍蝇？还是飞蛾？如果
是蚊子那就太棒啦。
　　要知道，所有好事都会发
生在耐心等待的人身上！

第一次试飞

太阳在天上闪着耀眼的光芒，天空明亮又晴朗。

2 只在安乐窝里的小鸟马上就要尝试第一次飞行了。

1 只小鸟想展翅高飞，一不小心扑在地上。另 **1** 只则从空中坠落，差点儿被水淹没。

2 只小鸟练习了整整一天，终于学会了飞行。有时候，生命中最重要的事情就是坚持尝试。

家庭危机

3 只乌龟住在森林里，每天都在努力地前行。

　　一天，它们正慢慢悠悠地爬向池塘。

最小的 **1** 只很快就爬到最前头，可一不小心绊倒了。

等另外 **2** 只乌龟赶上的时候，它已经翻了个底朝天。

两只乌龟赶紧抓住小乌龟的壳，把它翻了过来。

3 只乌龟发自内心地感慨道："这就是家人的意义！"

收集坚果

一个生机勃勃的秋日午后，**4** 只小松鼠正在落叶堆中愉快地玩耍。

突然，它们意识到，冬天就要来了！

"我们还没有储存过冬的
食物呢。" 3 只小松鼠哭道。
"我想我们得赶紧囤粮了。"
1 只小松鼠果断地说。

2 只小松鼠赶忙跑去收集坚果，果实堆成了小山那么高。另外 **2** 只负责把坚果埋起来，储藏在地下。

那晚，**4** 只松鼠睡了个踏实觉，不再担心害怕。它们知道，时刻做好准备才是明智的做法。

午夜觅食

一天晚上，**5** 只小浣熊出门找东西吃。

它们看见了一只垃圾桶，里面有好多美味的食物。

2 只小浣熊抓住垃圾桶的边缘，
让它倒向一边。

"我们今晚可以美餐一顿啦！"
3 只小浣熊兴奋地喊着。

"吃饭前，让我们先来致谢。"

4 只小浣熊认真地说。

最小的 **1** 只小浣熊放下食物，

低下了头。

　　"谢谢这些被剩下的食
物。"**5** 只小浣熊说道,"能
够找到鸡骨头和其他食物,
我们万分感激!"

万能工具

在岩石密布的海岸线一侧，海水湛蓝又清澈。**6** 只海獭边游泳嬉戏边寻找着贝壳。

这天下午，**2** 只海獭在海底发现了一些蛤蜊。另外 **4** 只迅速下潜把它们捞起。

蛤蜊拿到手里，**5** 只海獭却犯了难。"这些壳好硬啊，根本撬不开。"它们叹气道。

"试着在岩石上敲敲看。"
1 只聪明的同伴说。

3 只海獭拿起蛤蜊，在岩石上敲了敲，果然打开了。另外 **3** 只也照着做，所有蛤蜊都打开啦！

6 只聪明的海獭美餐一顿，大饱口福。它们都学会了使用工具，而不是蛮力。

迎风飞行

秋天到了，天气越来越凉爽，
白天也变得越来越短。

对于 **7** 只帝王蝶来说，它们
的旅程开始得太迟。

"我们几周前就该离开这里了！" **5** 只蝴蝶喊道。

"早就告诉过你们了。" 另外 **2** 只蝴蝶说。

它们要在寒冬来临前赶去墨西哥。

1 只蝴蝶带头，另外 **6** 只蝴蝶跟着它迎着南风飞行。

这段旅程还要持续很久，大概还要飞行一千六百多千米甚至更远。它们分成 **3** 只一组和 **4** 只一组，没日没夜地前进。

终于，**7** 只蝴蝶飞回了家园。它们太累了，连庆祝的心情都没有。

它们发誓，明年春天一定会准时出发，再也不拖拖拉拉。

互帮互助

一个闷热的午后，海边的潮水坑里，**8** 只螃蟹把自己埋在沙子里避暑。

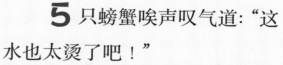

5 只螃蟹唉声叹气道："这水也太烫了吧！"

"那是因为今天的太阳太毒了。"另外 **3** 只螃蟹赶忙解释。

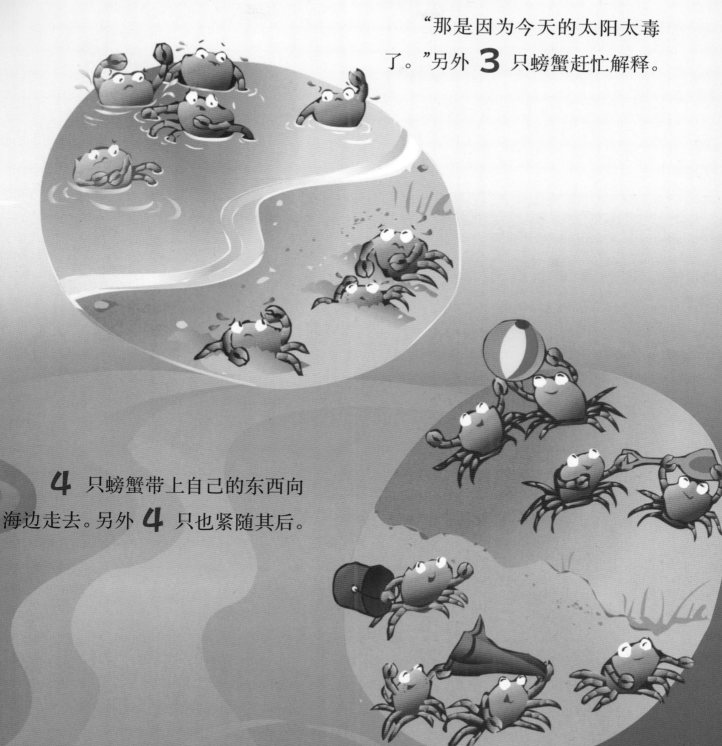

4 只螃蟹带上自己的东西向海边走去。另外 **4** 只也紧随其后。

7 只螃蟹率先跳入海中，另外 **1** 只则小心翼翼地站在海边。不一会儿，率先入水的螃蟹遭到海浪的重重打击！

最小的螃蟹赶忙冲上前帮忙，现在海里有 **2** 只螃蟹。其他 **6** 只在岸上为这次勇敢的救援行动欢呼。

两只螃蟹最终脱离险境，**8** 只螃蟹又团聚啦。它们都很感谢自己能拥有如此棒的朋友。

蚂蚁的合作

一个温暖的七月午后，**9** 只
蚂蚁正饿得饥肠辘辘时，发现了一
些美味。

3 只蚂蚁小心翼翼地上前一探究竟，另外 **6** 只蚂蚁待在原地不动。

它们发现了一些饼干、奶酪和面包，真是一大笔宝藏。

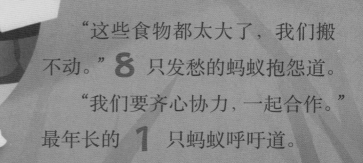

"这些食物都太大了，我们搬不动。" **8** 只发愁的蚂蚁抱怨道。

"我们要齐心协力，一起合作。"最年长的 **1** 只蚂蚁呼吁道。

2 只蚂蚁一前一后，举起一块奶酪带回了家。剩下的 **7** 只蚂蚁合力，轻松地搬起了面包。

蚂蚁们高兴坏了，想要拿走更多食物。它们 **5** 只分一组，**4** 只分一组，又搬回来两块饼干。

终于搬完所有的食物，**9** 只蚂蚁感觉棒极了。它们一直都懂得什么叫合作。

漂在河上的树枝

一天，**10** 只河狸要修建小木屋。它们排成一列，四处找寻断掉的树枝。

7 只河狸冲在前面，发现了一棵倒下的树。它们快速地咬下树杈，然后叫来另外 **3** 只河狸。

"要怎样才能把这些树枝带回家呢？" **9** 只河狸困惑地问。

"我们需要造一条小运河。" **1** 只聪明的河狸说。

6 只河狸开始在泥泞的河岸刨坑，很快就挖出了一条水路，可以和另外 **4** 只河狸挖的水路汇合。

现在，运送树枝就变得轻而易举了。**5** 只河狸乘着树枝顺流而下，另外 **5** 只则建好了超级棒的屋顶。

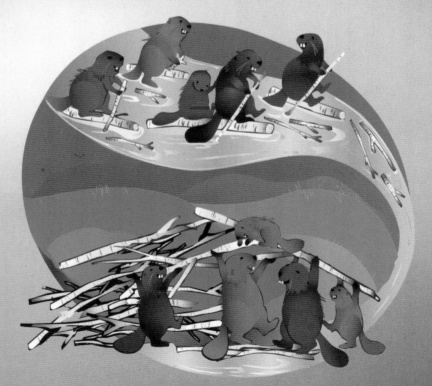

完成这几件小事，新家就建好啦。**8** 只河狸用泥巴把有洞的地方填补好，另外 **2** 只修补了墙壁的空隙。

新家终于建好了，**10** 只河狸聚在篝火旁开心地庆祝。通过努力，它们都成为这个家的"建筑师"。

数学的进阶之路：

数字是数学的语言，从简单的数数到复杂的微积分都离不开它。除了学习数数，我们还有很多关于数字的东西要了解。学会把一个较大的数字分解成一些小的数字组合，这是理解数字的关键。为了帮助孩子们在早期教育中更娴熟地使用数字，可以尝试挑战下面的练习题：

先看看游行队伍，从 **10** 数到 **1**，在脑中记住图中的数字顺序，并想象一下每个数字所在的游行方阵的大小。

找出所有和为 **10** 的组合。比如，6 只海獭和 4 只松鼠一起共有 10 只。随着不断练习，你可以试着找出 **1** 个，**2** 个，**3** 个，甚至是 **4** 个不同的数字来组成数字 10。（答案：10,9+1,8+2,7+3, 7+2+1, 6+4, 6+3+1, 5+4+1, 5+3+2, 4+3+2+1）

现在，从 1 到 10，每个数字试试用各种不同的方法来组合成其他数字。比如，3 只海龟和 5 只小浣熊组成数字 **8** 。

观察数字，可以被平均分成两份的是偶数，不可以的就是奇数。试着用从小到大（递增）和从大到小（递减）两种顺序来学习奇数和偶数。

恭喜你！ 你已经抵达了此次数字旅行的第一站。不要忘记在接下来的旅行中要继续发挥聪明才智。祝你好运！

特别感谢希瑟·卡洪、大卫·卡普兰、
斯蒂芬妮·勒克和丹尼尔·纳拉哈拉。

黑版贸审字 08-2019-237 号

图书在版编目（CIP）数据

寓言中的数学 / (美) 格雷戈·唐 (Greg Tang) 著；
(美) 希瑟·卡洪 (Heather Cahoon) 绘；小杨老师译
. — 哈尔滨：哈尔滨出版社，2020.11
（创意数学：我的数学拓展思维训练书）
书名原文：MATH FABLES
ISBN 978-7-5484-5077-1

Ⅰ.①寓… Ⅱ.①格…②希…③小… Ⅲ.①数学 –
儿童读物 Ⅳ.①O1-49

中国版本图书馆CIP数据核字(2020)第004096号

书　　名：创意数学：我的数学拓展思维训练书. 寓言中的数学
CHUANGYI SHUXUE:WODE SHUXUE TUOZHAN SIWEI
XUNLIAN SHU.YUYAN ZHONG DE SHUXUE

作　者：[美]格雷戈·唐 著　[美]希瑟·卡洪 绘　小杨老师 译
责任编辑：滕　达　尉晓敏　　　　责任审校：李　战
特约编辑：李静怡　翟羽佳　　　　美术设计：官　兰

出版发行：哈尔滨出版社（Harbin Publishing House）
社　　址：哈尔滨市松北区世坤路738号9号楼　　邮编：150028
经　　销：全国新华书店
印　　刷：深圳市彩美印刷有限公司
网　　址：www.hrbcbs.com　　www.mifengniao.com
E - m a i l：hrbcbs@yeah.net
编辑版权热线：（0451）87900271　87900272
销售热线：（0451）87900202　87900203

开　本：889mm×1194mm　1/16　印张：19　字数：64千
版　次：2020年11月第1版
印　次：2020年11月第1次印刷
书　号：ISBN 978-7-5484-5077-1
定　价：158.00元（全8册）

凡购本社图书发现印装错误，请与本社印制部联系调换
服务热线：（0451）87900278